像心理学家一样思考

爱因斯坦的大脑和我的不一样吗

董光恒◎著   人形鲤鱼◎绘

北京科学技术出版社
100层童书馆

小探险家：

你好呀！

或许你是出于好奇打开这本书的，那么，恭喜你，你在无意间开启了一段理解自我、探索心灵的神奇旅程。

在这场旅程中，你会进入心理学的领地，探索神秘的心理世界。你将沿着心理学的发展轨迹，和心理学大师们一起去寻找心理的真相，了解当今心理学界的重要理论，展望心理学未来的发展。

你将探究心理学家们争论过的有趣问题。比如，能否通过头骨的形状判断一个人是好人还是坏人？心理学和玩拼图是否具有相似性？人的恐惧是如何形成的？能否通过分析梦境发现心灵深处的秘密？如何变得更幸福？未来机器是否会代替人类思考？……在这一过程中，你可能会发现，一些心理学家的观点看起来不太合理。这时，请你大胆思考，勇敢地提出质疑，不要担心结论的对错。因为，你会发现新的心理学思想就是在批判或否定前人思想的基础上发展起来的。

你也将学到很多科学、实用的心理学知识，破除关于心理

学的迷思。比如，擅长使用右脑的人就更有创造力吗？记忆新知识有什么诀窍？不同年龄段小朋友的心理特点是怎样的？负面情绪对我们而言有什么意义？……掌握了这些心理学知识，你将会更好地理解自己和他人的心理，在充满喜怒哀乐的人生中，勇敢向前。

心理学是一门严谨的学科，为了研究复杂抽象的心理，心理学家们可想了不少办法。在这趟旅程中，你将了解他们是怎样研究下面这些棘手的问题的——大脑是作为一个整体发挥作用，还是各个部分分别发挥作用？一个人的智力多大程度上来自父母的遗传、多大程度上受到环境的影响？一个人做出决策的过程如何受到社会的影响？……通过学习心理学的研究方法，你将逐渐学会从心理学家的视角观察世界，从日常生活中自己总结心理活动的规律，培养独立思考和实验探究的能力。

还等什么？我们一起出发吧！

期待与你同行的赛克和迈德

目 录

坦荡

诚实

细心

你好呀，我是迈德！

性别：男
年龄：8 岁
爸爸的职业：
园艺师
妈妈的职业：
野外动植物
摄影师

我生活在一个充满户外探索氛围的家庭里，但我是一个很善于"内观"的人，我喜欢思考其他人在想什么，并通过阅读学习心理学知识。我有无数的问题想问赛克。

喜欢的食物：巧克力、牛奶
擅长的事情：打羽毛球、看书、思考、涂鸦
讨厌的事情：做数学题

很小的时候，我便认识了赛克，我是被赛克选中的人类"小跟班"。
受家族遗传的影响，从小我就有些近视，于是赛克送了我一副红色圆框眼镜，我们组成了"红色眼镜小分队"。

你好呀，我是赛克！

我有很多同类朋友，它们是地球上的土猫。和我不一样的是，它们依然用四只脚走路，而我已经是一只有智慧的、能直立行走的猫了。

性别：保密

年龄：保密，因为我有9条命

学历：喵星人大学博士，以人类心理学研究方向第一名的成绩毕业，被派到地球进修并帮助人类小孩，一直在人类世界游历

喜欢的颜色：红色（红色物品收集癖，尤其是红色的眼镜）

喜欢的食物：生鱼

擅长的事情：钓鱼、捉老鼠、制作标本、研究心理学、收集二手书

讨厌的事情：被摸尾巴

我有一个人类好朋友，他叫迈德，是一个8岁的小男孩。他的脑袋里总是有许许多多问号，他想要学习更多的知识，喜欢探索未知的世界，我将他收为我的"小跟班"，和他一起在地球上学习。

心理咨询师不开药方
怎样"治病"？

第二次世界大战后，美国占主导地位的心理学流派是精神分析和行为主义。精神分析通过研究精神疾病患者来探索人的思维规律，行为主义则主要通过研究动物来推断人的行为特点。然而，这两种流派都没有涉及人性中一些重要的议题，如潜能、价值、尊严、爱。因此，有一些心理学家开始对"人"本身展开研究，并逐渐形成了心理学中的"第三势力"——人本主义。

罗杰斯语录
未来，这个世界将更人性、更人道，将探索并发展人心理与精神的潜能，创造更完美、更完善的个体。

20 世纪五六十年代，美国社会强调个人主义和个人自由，这为人本主义心理学的兴起奠定了基础。到了七八十年代，这一心理学流派得到迅猛发展。人本主义心理学家注重个体的潜能，认为每个人都蕴藏着一种内在力量，它会驱使人实现自己独特的价值。他们强调，每个人都有自己的尊严，都值得被接纳和被尊重。

人本主义心理学的代表人物之一是美国心理学家马斯洛。马斯洛认为，

人性具有美好的一面，并且人会不断追求自我超越。他提出了需要层次理论（也被称为需求金字塔理论），这一理论将人类的需要从低到高分为 5 个层次：生理需要、安全需要、归属和爱的需要、被尊重的需要和自我实现的需要。

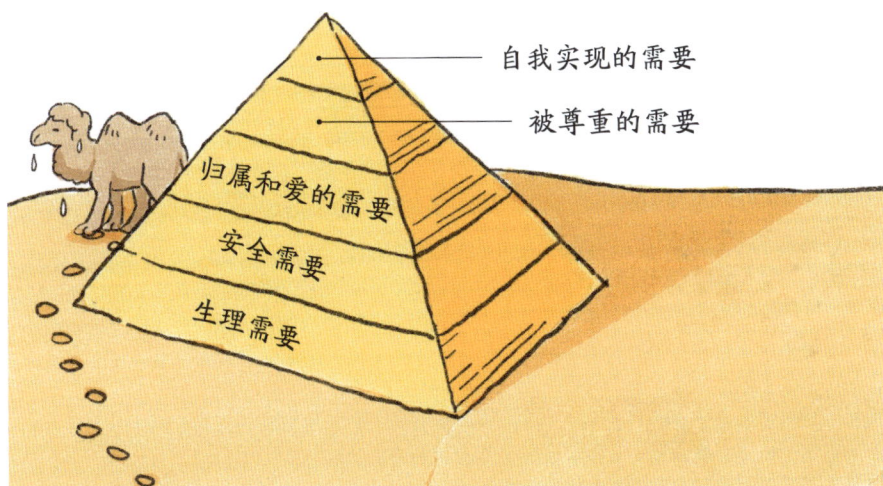

生理需要是人最原始、最基本的需要，包括对食物、水和睡眠等的需要。

安全需要指对安全保障的需要，如希望自己生活稳定、人身安全不受威胁、有可支配的金钱、受法律保护。

归属和爱的需要指与他人建立联系的需要。人需要与他人建立联系，互相陪伴、彼此关心；还需要有所归属，成为某些群体的成员。

被尊重的需要指对自尊、自重和来自他人的尊重的需要，以及希望个人能力和贡献得到社会的认同和尊重。

自我实现的需要指发挥自己的潜能、实现自己的价值，通过创造性的活动为社会做出贡献的需要。比如，作曲家要作曲，画家要绘画，诗人要写诗。

根据需求金字塔理论，当某一低层次的需要得到满足后，人就会开始追求更高层次的需要。当需求金字塔下面四个层次的需要都得到了满足，最高层次的自我实现需要就会出现。马斯洛认为，到达需求金字塔顶端的"自我实现者"都具备一些特点，如富有创造力、能以全新的角度欣赏事物、关心整个人类、经常经历高峰体验。

高峰体验

在日常生活中，当你看到一幅震撼人心的画，或者在比赛中为团队赢得决定性的一分，又或者帮助迷茫的好朋友找到新的动力时，你会像攀上了山巅一样，感到愉悦、兴奋和满足。人本主义心理学把这种体验称为高峰体验。

人本主义心理学的另一位代表人物叫罗杰斯，他长期从事心理咨询工作，被认为是20世纪最伟大的心理咨询师之一。罗杰斯认为，任何生物都会表现出生长、发展、积极活动的趋势，就像小草能够从石头缝中冒出头来、狮子会捕杀羚羊并喂养幼崽。人类也是以这样一种积极的状态在生活，即便某些人的行为或情绪有时会偏离常规，但这些人身上也依然存在这种积极倾向。

罗杰斯提出了"以人为中心"的心理治疗方法（也被称为非指导性治疗）。他认为人的本性是积极向上的，每个人都具备自我治愈、自我实现的能力。因此，心理咨询不应该直接指导来访者具体怎样做，而应该引导他们去发现自我、发挥潜能。咨询师和寻求心理咨询的个体是平等合作的关系。咨询师不应对寻求咨询者的感受做出判断，也不应提供建议和解决方案。

罗杰斯用"来访者"一词来称呼寻求心理咨询的人，在此之前，这些人通常被称为"病人"。罗杰斯之所以选择"来访者"这个词，是因为他认为"病人"一词会让人感觉自己生了病，正在接受咨询师的治疗；而"来访者"一词则更适合用来称呼那些前来寻求帮助的人，他们需要的是通过自身努力来克服困难。

目前，世界上通行的很多心理咨询的基本规则都是由罗杰斯确立的。在罗杰斯看来，可靠的咨询关系需要包括3个方面的元素：真诚、无条件的积极关注和同理心。

真诚——心理咨询师应该通过专注倾听和及时回应与来访者建立信任，"以来访者为中心"，认真对待来访者所说的每句话。

无条件的积极关注——无论来访者的人品、经历和行为如何，咨询师都不对其做出评价和提出要求。咨询师应当从内心深处给予来访者尊重和接纳，让他相信自己是一个有价值的人。

同理心——即"共情"，是罗杰斯率先提出的心理咨询技法，指咨询师深入来访者的内心世界，从对方的角度去看问题。这样，咨询师和来访者之间就有了一座可以沟通思想和感情的桥梁。咨询师能够了解来访者的遭遇、想法和感受，并使用自己的专业知识逐步引导来访者走出困境，获得事半功倍的治疗效果。

人本主义关注人的潜能，对人性持积极态度，为心理学世界注入了鲜活的力量。但人本主义也遭到了一些实验心理学家的批评，他们将人本主义称为"诗人或哲人的心理学"，认为人本主义在概念表述上模糊不清，在研究方法上缺乏科学性，是科学心理学的一种退步。

不过，人本主义这一流派总是让人充满希望，不是吗？

赛克，我想问问你

什么是"心理咨询"？

迈德：心理咨询是不是就像医生看病一样，心理咨询师会给我们开一个"药方"，我们按照"药方"去做就行了？

赛克：虽然心理咨询也是非常专业的工作，但和医生看病不一样的是，心理咨询师不会直接提供"药方"——解决方案。一般情况下，心理咨询师会引导来访者自己发现问题、分析问题、探索解决问题的方法，这被称为"助人自助"。

迈德：为什么心理咨询师不直接告诉来访者该怎么做呢？直接指导不是能让来访者"好"得更快吗？

赛克：实际上，心理咨询师无法直接提供解决方案。对于身体上的疾病，医生可以根据客观指标评估病情，如体温 39℃、血液中白细胞水平过低或者 CT 影像异常等。但是，心理问题很难通过简单的指标来判断。而且，心理问题的原因往往隐藏得很深，只有来访者才知道原因，甚至在很多情况下来访者自己都不知道问题的真正原因是什么。在这种情况下，就算心理咨询师的"医术"再高明，也无法直接开出"药方"。

迈德：好像的确是这样。

赛克：此外，心理问题的干预过程需要来访者积极参与。当人们身体生病时，只需要根据医生开的药方按时吃药，好好休息，等待药物发挥作用。然而，在心理咨询中，来访者需要积极主动地探索自己的内心和解决自己的困扰。如果来访者缺乏积极性，心理咨询就很难达到理想效果。

你觉得心理咨询师是一个怎样的职业？和心理咨询师聊天与和好朋友聊天有什么区别？

怎样记住圆周率小数点后 100 位？

　　科学技术发展水平直接影响人类对自身的认知。工业革命时期，机器大行其道，一些科学家把人体比作机器，一些科学家把人的精神也比作机器。20 世纪中期，随着电脑的出现，心理学家又开始将人脑类比成电脑，掀起了一阵心理学界的革新浪潮，开拓出一个新的心理学领域——认知心理学。

电脑能帮你做很多事。比如，外出游玩之前，你可以用电脑上网查一查附近有什么好吃的；旅行回来之后，你可以把假期出游的照片导入电脑，通过软件修图并存储；居家学习的时候，你可以用电脑上网课，跟老师、同学视频聊天……看上去，你似乎只是动了动手指，在电脑上进行了一系列操作。但实际上，在接收到你的操作指令后，电脑内部的处理器就会开始高速运转，通过复杂的信息处理过程，让你的需求得到满足。

认知心理学家认为，人类的思维过程和电脑的信息处理过程有很多相似之处。人类通过感官接收外部刺激，就像电脑通过键盘、鼠标或触摸屏幕接收信息。人类的大脑就像电脑内部的中央处理器（CPU），负责处理信息。人类的行为就像电脑的显示器，负责输出处理结果。人类可以观察到自己"输出"的行为，却对大脑内部的信息处理过程知之甚少。认知心理学的研究重点就是人类自己"这台大脑"的运行规律，包括如何记忆、怎样做出决策等。

　　1956年，美国心理学家米勒进行了关于"短时记忆"的研究。这里的"短时记忆"指只能维持很短的一段时间、如果不尽快复述就会被遗忘的记忆。比如，一个同学告诉你他的电话号码时，你立刻记住了它，这时电话号码就被存储在你的短时记忆里。然而，如果这时有人问了你一个问题，你回答完问题，回过头来再去想刚才那个电话号码，却怎么也记不起来了……

　　为什么刚记住的电话号码很快就被忘掉了呢？米勒认为，短时记忆是有容量限制的。短时记忆到底可以存储多少信息呢？根据米勒的研究，一般只有5—9个元素。当一个电话号码暂时被存储在短时记忆中，如果此时有新的信息输入，由于短时记忆容量的限制，新信息会覆盖旧信息，你就会忘记刚刚记住的电话号码。这项研究开启了认知心理学研究的新篇章。

短时记忆库

同一时期，另一位美国科学家西蒙和米勒一样，对大脑的内在规律感兴趣。西蒙结合管理学、社会学、心理学和信息学等领域的知识，来研究人类决策行为背后的规律。他将决策过程分成 3 个主要阶段：收集制定决策所需的依据和情报；制定备选行动方案；根据当前情况和对未来的预测，从备选方案中选定一个方案。此外，完整的决策过程还包括根据选择的结果对过程进行反馈并不断改进。这种分解使原本模糊的决策过程变成了一个具体的流程，也使得计算机能够模拟决策过程。

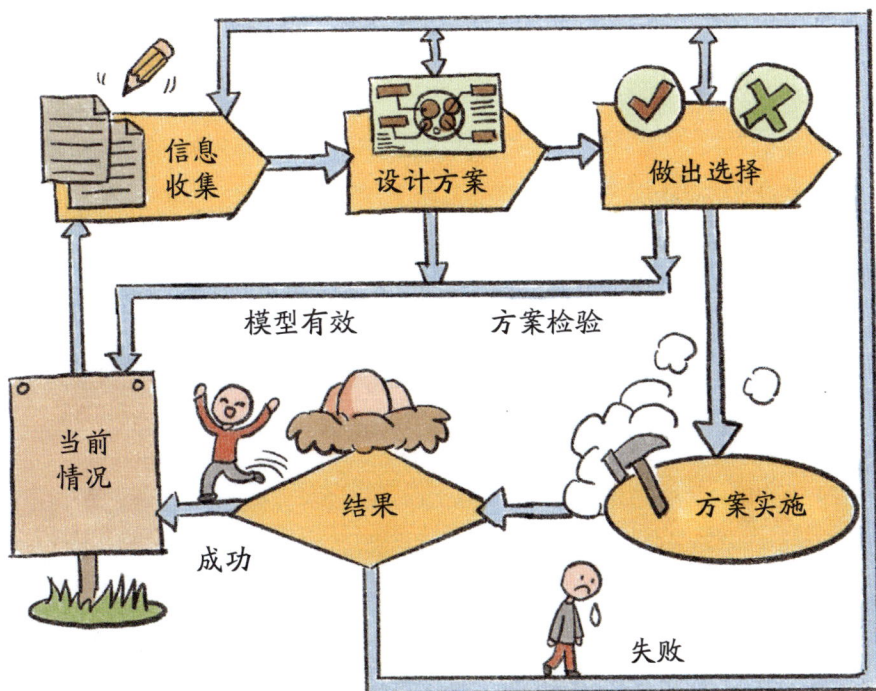

信息收集 → 设计方案 → 做出选择

模型有效　　方案检验

当前情况

成功

结果

失败

方案实施

举例来说，假如你想报名参加一个球类兴趣班。首先，你会收集市面上各种兴趣班的相关信息，如时间、地点和教学内容等；其次，你会根据自己的目标和空闲时间，列出几个备选选项；最后，你会依据自己的喜好和对兴趣班的期望，选择一个班级报名。

但是，当你做出选择之后，你会不会后悔？有没有可能认为其他选择也许更好？西蒙认为，人类的理性是有限的，外部环境也有很多限制，而且是在不断变化的。因此，找到一个完美的解决方案是不可能的。所谓的"最佳"选择，只是在当时的条件下能够令你总体满意的一种选择而已。

小知识

有中文名字的美国科学家

1972 年，作为美国计算机科学代表团成员，西蒙首次访华。后来，他又多次来华访问。他一直致力于推动中国和美国之间的学术交流。1994 年，他当选为中国科学院外籍院士。因为与中国的密切联系，他还给自己取了一个中文名字——司马贺。

虽然米勒和西蒙做了很多与认知心理有关的研究，但他们并没有正式提出"认知心理学"这个概念。真正让"认知心理学"这个概念得以面世的是出生在德国的美国心理学家奈瑟尔，他因此被称为"认知心理学之父"。1967 年，奈瑟尔出版《认知心理学》一书，宣告了认知心理学的诞生。认知心理学的研究内容非常广泛，包括注意、知觉、思维、记忆、语言等，而且非常重视用实验数据来证明自己的理论。

作为心理学的一个独立分支，认知心理学目前依然是心理学研究的主流方向。在心理学的发展历史上，认知心理学首次将人的知识和知识结构提升到重要的高度。对于人成长发展的过程，行为主义强调外部环境的作用，遗传学强调遗传的作用，而认知心理学则将人已有的知识和知识结构作为对其认知和行为产生影响的决定性因素。已有的知识和知识结构可以改变一个人对事物的看法，甚至可以决定他的命运。举例来说，当人们看到一块木头时，基于已有的知识和经验，不同的人可能赋予它不同的意义。有些人可能认为

这块木头可以用来驱赶狗，而另一些人可能更关注它是哪种树木的一部分，还有人可能考虑将它带回家，用来烧火做饭。每个人都是根据自己已有的知识和经验来认识新的事物。我们常说的"一千个读者就有一千个哈姆雷特"就体现了这一点。

认知心理学家常常使用电脑的"条件式"来描述人的心理过程。如果你学过编程，会非常容易理解"if（如果）...then（那么）..."这个条件式。一个完整的电脑程序包含大量嵌套的"if...then..."条件式，会依据不同的条件给出不同的反馈。比如，如果（if）"输入的数字为5"，那么（then）"显示：这是一个奇数"。认知心理学认为，人的心理过程也像电脑程序一样，由大量条件式组合而成。人的决策往往受到个人偏好的影响，这些偏好就可以用条件式来呈现。比如，你要选择一个球类兴趣班，"如果（if）将自己的喜好放在第一位，那么（then）选择篮球；如果（if）将离家近放在第一位，那么（then）选择足球"。这种描述方式让心理过程看起来更加清晰，既方便开展实验以验证新理论，又方便使用计算机程序来模拟人的思维过程。

认知心理学为心理学的研究开拓了新的方向，也为人工智能的发展奠定了基础。然而，这种思路也存在一些刻板僵化的地方。例如，人的思维会受到情感、动机和个性等因素的影响，难以用清晰的程序来表示。与电脑相比，人脑的计算过程要复杂且灵活得多。

艾宾浩斯遗忘曲线

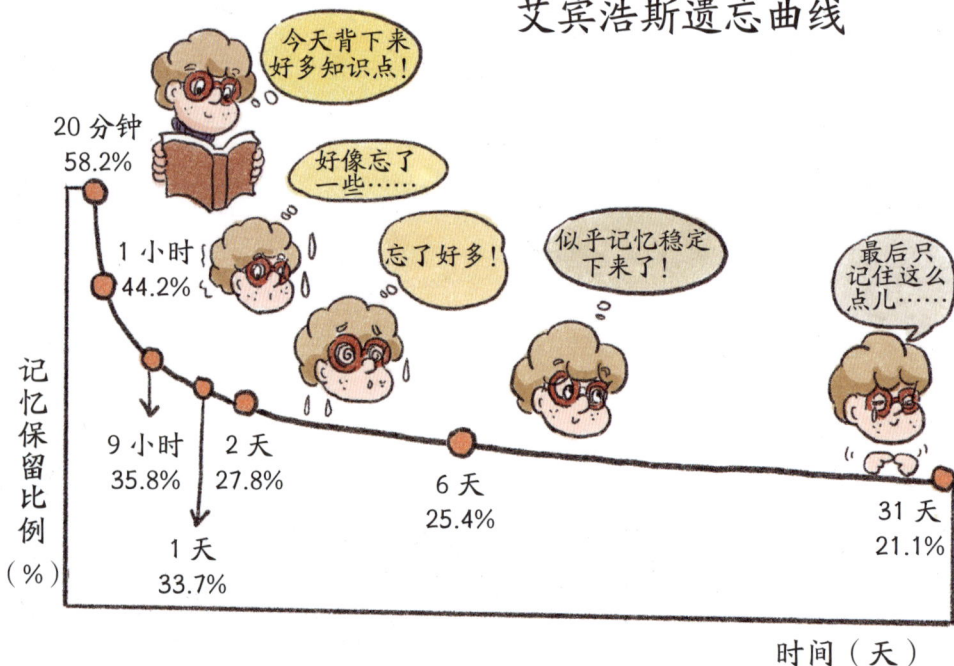

1885 年，德国心理学家艾宾浩斯设计了一些无意义的音节作为记忆材料，并开展了一项记忆实验。他首先让参与实验的人记住所有的音节组，然后在不同的时间间隔后测试他们还能记住多少音节组。后来的学者将艾宾浩斯的实验结果绘制成曲线图，即艾宾浩斯遗忘曲线。

艾宾浩斯遗忘曲线

20 分钟
58.2%

今天背下来好多知识点！

好像忘了一些……

1 小时
44.2%

忘了好多！

似乎记忆稳定下来了！

最后只记住这么点儿……

记忆保留比例（%）

9 小时
35.8%

2 天
27.8%

6 天
25.4%

31 天
21.1%

1 天
33.7%

时间（天）

在这幅曲线图中，横坐标表示学习后的时间间隔，纵坐标表示记忆保留比例。仔细观察可以发现，遗忘速度呈现出先快后慢的趋势。也就是说，在刚学习完的最初阶段，遗忘速度非常快，随着时间间隔的延长，遗忘速度逐渐减缓，到达特定的时间点后，几乎不再遗忘。

艾宾浩斯遗忘曲线对我们的学习很有帮助。首先，及时复习是保持记忆的重要策略。根据艾宾浩斯的建议，我们应该在记住材料后，按照遗忘曲线，在关键的时间点多次复习。其次，适当"过度学习"。过度学习指在完全掌握知识后，反复进行多次学习。这种方法可以减缓遗忘速度。比如，如果在学习了 4 遍后可以完全无误地背诵，那么不妨接着再学习 2 遍，这样可以获得更好的记忆效果。

赛克，我想问问你

我们为什么会遗忘？

迈德：赛克，我一直很好奇，为什么我们会忘记曾经记住的东西？

赛克：关于遗忘，目前有几种主流的理论。

第一种是"消退说"。根据这个理论，我们记住的东西就像在海滩上踩下的脚印，随着时间的推移，脚印会逐渐模糊，我们曾经记住的东西也会被遗忘。

第二种是"干扰说"。还是举海滩的例子，假如你在海滩上刚踩下自己的脚印，后面又有一群人来到海滩上，留下了一排排新的脚印，这时你就很难找出自己原来的脚印了。知识也一样，后面学习的知识会干扰前面记住的知识，所以我们会把前面记住的知识忘记。

第三种是"提取失败说"。有时候，我们见到一个认识的人，会一时叫不出他的名字，过后可能忽然又想起来了。根据"提取失败说"，知识并没有被遗忘，只是没被想起来而已。越是和其他知识联系较少的知识，越容易提取失败。

嗨！

嗨！好久不见！你……叫什么来着……哦！迈德！

迈德：这些理论听起来都有一定道理，它们能不能被用来帮助我们学习呢？

赛克：根据这些理论，我们可以采用许多实用的方法和技巧来减少遗忘。比如，面对"消退"，我们可以在学习新内容之后多次复习。为了避免"干扰"，我们可以选择在清晨起床后或者晚上睡觉前背诵。对待"提取失败"，我们可以努力把新学的知识和我们已经熟悉的知识联系起来，这样就能通过熟悉的知识来提取新学的知识。

迈德：掌握了这些方法，下次我一定能把学到的知识记住！

想一想？

我们刚接触的新知识在大脑中往往是以孤立的形式存在的，就像一堆随机散落的积木。在这种情况下，我们很难进行有效记忆。这时，掌握组块化的方法非常重要。组块化就是按照一定方式把这些新知识组合起来。组块内部的信息紧密相关，它们之间具有用途或意义上的联系。这样，一旦我们想起其中的一部分，就能很自然地想起其他相关的信息，新知识就没有那么容易被遗忘了。

比如，今天妈妈让你去超市买面包、西红柿、咖啡、黄油、面条和牛奶。当妈妈告诉你时，你可能认为自己全都记住了，但是走到超市后却发现自己忘记了其中几样。

　　为了更有效地记住这些需要购买的物品，你可以尝试对它们进行组块化。例如，将面包和黄油组合在一起，咖啡和牛奶组合在一起，西红柿和面条组合在一起。这样，记忆的部分就从 6 个降低到了 3 个，即使你忘记了咖啡，一旦想起牛奶，就能再次想起咖啡。很多拥有超强记忆力的人在记忆过程中都或多或少地运用了组块化的方法。

　　同样，在记手机号码的时候，我们也可以运用组块化方法。我们的手机号码是 11 位，显然已经超过米勒说的短时记忆 5—9 个数字的范围，那为什么我们还能记得住呢？因为我们不自觉地采用了组块化方法。通常，我们会将手机号码分成 3 个组块，如将"11312343721"分成"113""1234"和"3721"。这样一来，这个手机号码虽然有 11 位，但只占用了 3 个记忆容量。这种组块化的记忆策略能帮助我们更好地记住长串数字。

你能记住圆周率小数点后多少位？你能不能利用组块化的方法让自己记得更多、更牢？

3.1415926 5358 9793 2384 6264 3383 2795
0288 4197 1693 9937 5105 8209 7494 4592
3078 1640 628

如何改造
又脏又乱的地铁？

随着认知心理学的出现和发展，心理学界对于研究内部思维过程的兴趣越来越浓厚，新一代的行为主义心理学家也被这场"认知革命"所影响。这些心理学家既不认同传统行为主义的研究方法，也不愿举起认知心理学的大旗，他们在行为主义和认知心理学之间走出了一条中间道路——新的新行为主义。

长期以来，行为主义把人的心理活动视为一个黑盒子，只关注这个黑盒子接受的外部输入和向外的输出，也就是环境刺激和行为反应。最早的行为主义者认为行为是最重要的，而个体的主观认知并不重要。新行为主义者意识到认知会影响行为，但并没有具体解释认知怎样影响行为。

对新的新行为主义流派的心理学家来说，黑盒子内部的运作机制与黑盒子所接受的输入以及向外的输出同样重要。他们认为，人并不是被动地接受刺激并做出反应，而是通过认知过程对环境刺激进行解释，构建意义，然后做出相应的行为反应。

新的新行为主义理论有两个重要分支，即社会学习理论和认知社会学习理论。

社会学习理论最早由美国心理学家班杜拉提出，其中一个核心概念是"观察学习",指通过观察他人的行为及其结果来进行间接学习的过程。也就是说,人们可以通过无意识地观察学到许多东西,而不一定需要有意识地去学习,这就是我们所说的"耳濡目染"。比如,在孩子的成长过程中,如果父母天天在孩子面前玩手机,孩子就更容易对手机感兴趣;如果父母天天在孩子面前看书,孩子就更容易对书感兴趣。

1961 年,班杜拉邀请一群孩子参加一项名为"波比娃娃"的实验。在实验中,研究人员把孩子们分成两组,并带他们进入一间屋子玩贴纸游戏。在同一间屋子的另一头,一个大人正在玩玩具,他旁边放着一根大木棍和一个假人"波比娃娃"。研究人员让孩子们观察这个大人约 10 分钟。

第一组孩子看到大人大声叫喊,并用大木棍狠狠地击打"波比娃娃";而第二组孩子看到大人一直在玩玩具,没有击打"波比娃娃"。

在两组孩子观察结束后,研究人员把他们带到另一间屋子,里面放着各种各样孩子们喜欢的玩具。但研究人员告诉他们,这些玩具是留给别人玩的,他们不能玩。设计这一环节的目的是让孩子们感受到被拒绝,诱发他们产生愤怒的情绪。

然后,研究人员再把孩子们带到第三间屋子。这个屋子里有一些玩具,孩子们可以随便玩。同时,这间屋子里也放着那个假人"波比娃娃"。研究人员通过摄像头观察孩子们的行为表现,发现第一

组孩子会直接模仿大人击打"波比娃娃",而第二组孩子并没有表现出攻击行为。

实验结果表明,孩子不需要刻意学习,仅通过观察他人的行为就能表现出相应的行为。

不过,你可能会产生疑问:生活中你也看到过一些攻击行为,可你并没有用同样的方式攻击他人,这是为什么呢?

为了回答这个问题,班杜拉进行了另一项实验。在这项实验中,他让两组孩子观看了一段视频,视频中有一个大人展示了攻击行为。在视频即将结束时,其中一组孩子看到的是这个大人获得奖励的情节,而另一组孩子看到的是这个大人受到惩罚的情节。实验结果表明,看到大人得到奖励的这一组孩子表现出了更多的攻击行为,而看到大人受到惩罚的这一组孩子则没有表现出攻击行为。

这种通过观察他人行为及其后果来改变自身行为的过程被班杜拉称为"替代强化"。比如,如果看到有人因为帮助同学得到了表扬,我们可能也会主动帮助别人;如果看到有人因为欺负同学

不可以欺负同学,大家要友善相处。

你做得很棒!

我也要多多帮助同学!

而被老师批评，我们可能就不会随便欺负别人。

班杜拉进一步思考，在之前的实验中，那些看到大人受惩罚而没有表现出攻击行为的孩子有没有学会攻击行为呢？于是，在两组孩子看完视频回到游戏室后，他要求孩子们尽可能模仿刚才视频中大人的攻击行为，并给他们糖果作为奖励。结果显示，在得到奖励的情况下，两组孩子都能非常精确地模仿出"榜样"的攻击行为，连细节也惟妙惟肖。这说明，没有表现出攻击行为的孩子其实也学会了攻击行为，但是因为他们理解了这一行为会造成的后果，所以不会主动攻击他人。

班杜拉的社会学习理论重视心理因素在行为反应中的作用，对当时的社会造成了深远的影响。比如，当前欧美国家流行的电影分级制度就是在这一理论的影响下推出的。这一制度根据电影内容确定适宜的观众年龄段，以避免小观众受到暴力等因素的负面影响。

后来，美国心理学家米歇尔在社会学习理论的基础上提出了认知社会学习理论，进一步强调了认知在行为选择中的决定性作用。

米歇尔做过一个著名的"棉花糖实验"。在这项实验中，米歇尔在实验室的桌子上放了一些棉花糖，然后让一些4—6岁的孩子来到实验室。孩子们可以选择立即吃一个棉花糖，但只能吃一个，也可以选择暂时不吃，等待研究人员回来后领取双倍奖励。

对孩子们来说，这项实验非常具有挑战性。研究人员通过摄像机记录了他们的表现。有的孩子为了不去看诱人的棉花糖，干脆捂住眼睛或者背过身去；有的孩子开始踢桌子、拉自己的辫子；有的甚至直接用手去打棉花糖……结果显示，大多数孩子没有坚持到最后，他们选择吃掉棉花糖；只有少数孩子愿意一直等待研究人员回来。

为什么不同的孩子会做出不同的选择呢？通过深入研究，研究人员发现，主要有3个因素影响着孩子的行为：有的孩子认为吃一个棉花糖就够了，没有必要等着吃两个。这是第一个影响因素，即对自己行为的解释。有的孩子会在心里问自己："我能坚持到阿姨回来，然后吃两个吗？"要是知道自己坚持不下去，何必白等这么长时间呢？这是第二个影响因素，即对自己行为结果的预期。有的孩子则会想，谁知道双倍奖励是不是真的，不如赶紧吃掉一个。这是第三个影响因素，即对行为结果的价值认识。这3个因素会影响孩

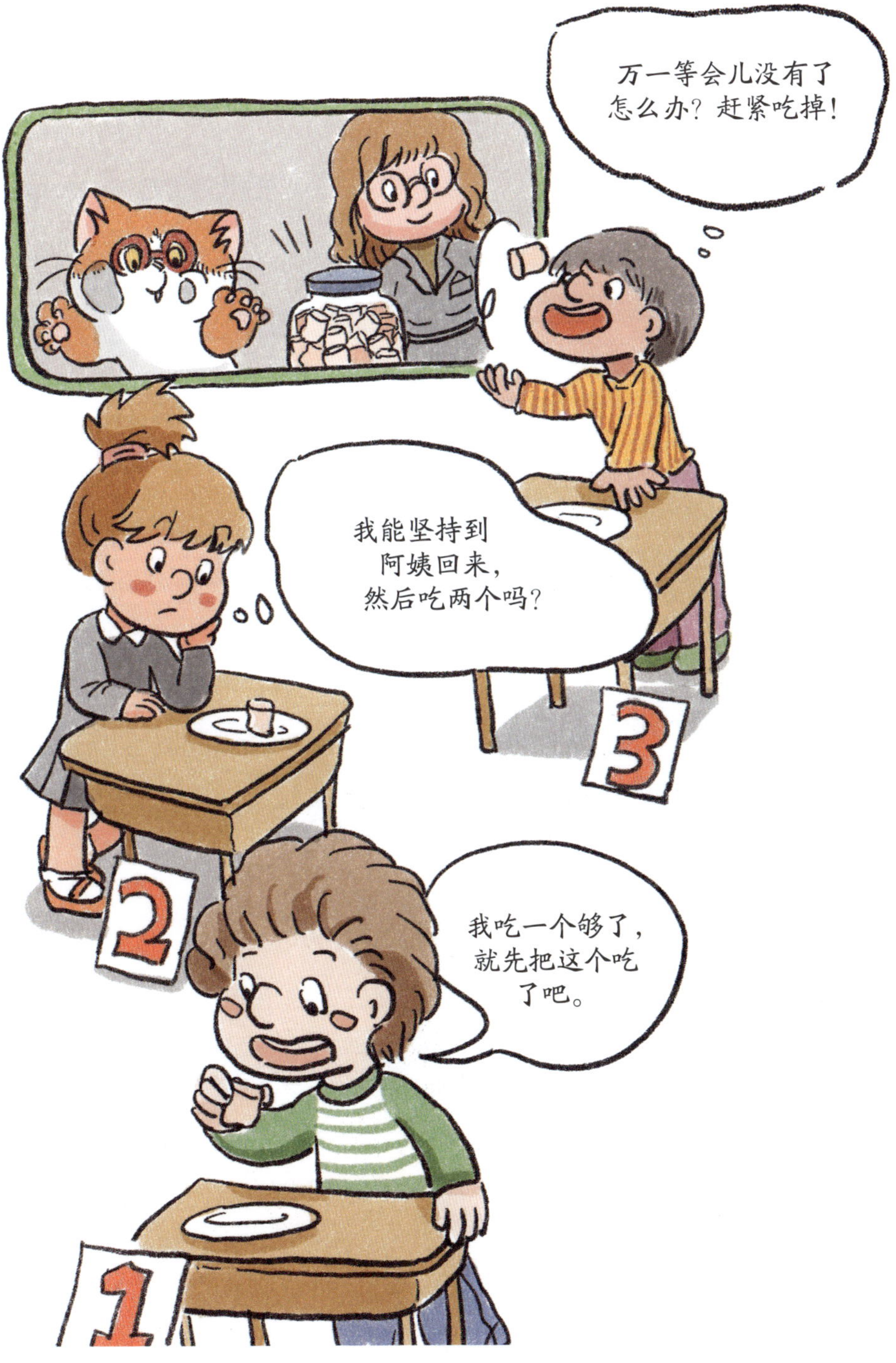
万一等会儿没有了
怎么办？赶紧吃掉！
我能坚持到
阿姨回来，
然后吃两个吗？
3
2
我吃一个够了，
就先把这个吃
了吧。
1

子是否能够坚持到最后。

　　"棉花糖实验"很好地模拟了我们在面对选择时的行为方式——在眼前的小快乐和长远的大收益之间,我们会如何做出选择? 如果倾向于选择长远的大收益,那说明我们拥有一定的延迟满足能力。 研究人员对参加实验的孩子进行了持续追踪,发现有延迟满足能力的孩子在 20 年之后更容易获得学业成功。

不可以提前吃掉!

针对延迟满足现象，米歇尔开展了大量研究，并在此基础上提出了"认知－情感"系统理论。他认为，每个人的行为选择除了和外部情境有关，还依赖于内部的"认知－情感"系统。每个人的"认知－情感"系统都是独一无二的。而且，这个系统本身并不是稳定不变的，而是会在人与环境互动的过程中不断更新和变化。比如，米歇尔发现，在"棉花糖实验"中愿意等待的孩子，他们的家长都有一个共同点——平时说话算话。因为平时遇到的成年人都会兑现自己的承诺，他们逐渐养成了对未来充满信任的思维习惯，在实验中才会选择等待长远的奖励。

在班杜拉和米歇尔等一批心理学家的努力下，新的新行为主义理论逐渐确立了自己的地位。这一理论将行为主义与认知心理学结合起来，致力于探索认知等因素在人类行为中的作用，加深了人类对心理现象的理解。同时，新的新行为主义依然秉持行为主义重视外部行为的客观精神，因此并未被归入认知心理学的范畴。然而，新的新行为主义理论对认知等一些概念的解释不够深入，也缺乏系统化的研究。所以，在认知心理学蓬勃发展的今天，新的新行为主义很容易就被淹没了。

喵星大课堂 纽约地铁事件

20世纪六七十年代，纽约地铁环境糟糕，逃票现象频繁发生。此外，地铁上暴力犯罪问题非常严重，每周发生的犯罪事件超过250起，乘客们受伤的风险非常高。

纽约警方一直试图改变这种情况。在听取了心理学家的建议后，警方决定采取更严厉的处罚措施，如让逃票的人站队示众以打击逃票行为。此外，地铁管理方找人清洗了车厢内的涂鸦，并联合警方对车厢进行严格监控。这些措施很快就改变了地铁内的混乱情况。

为什么这些方法行之有效呢？社会学习理论可以给出科学的解释。

当车厢里满是涂鸦，地铁环境脏、乱、差时，人们会自然而然地认为地铁管理不严格。在有人逃票，甚至有人违法犯罪时，那些原本就有逃票冲动却一直不敢逃票的人，以及那些处在犯罪边缘的人，就会纷纷效仿，因为他们看到了"榜样"。在"榜样"的作用下，他们会产生搞破坏的冲动，继而跟风模仿。

当地铁管理方和警方采取清洗涂鸦等一系列环境治理措施，并严惩逃票者之后，车厢变得整洁明亮，逃票现象也明显减少。没有了糟糕环境和犯罪"榜样"，人们就不容易被触发违反规定的行为，地铁秩序也得以恢复。

常玩有暴力场景的游戏就会让人变得有暴力倾向吗？

迈德：赛克，你说喜欢玩有暴力场景的游戏的人会不会比不玩这类游戏的人，有更多暴力倾向呢？

赛克：这确实是一个备受争议的话题。一些研究者认为玩这些游戏可能会提高暴力行为的发生概率。他们指出，在美国频发的校园枪击案中，很多行凶者都说自己受到了某些游戏的影响。

迈德：其他人不这么认为吗？

赛克：另一种观点则认为，玩这类游戏只是一种宣泄负面情绪的方式，不仅没有害处，还能减少人们在现实世界中的暴力倾向。持这两种不同观点的人已经对峙了几十年，到现在也没有达成共识。

你知道什么是自我效能感吗？

举个例子，假如你想去钓鱼，你是否相信自己真的能钓到一条鱼呢？如果你相信自己能钓到，那么你的自我效能感就较高；如果你觉得自己不可能钓到，那么你的自我效能感就较低。这种对自己是否有能力完成某一任务的推测和判断，被班杜拉称为自我效能感。

自我效能感会对我们选择做什么事情产生影响。如果我们不相信自己能完成某项任务，可能就会回避问题。同时，它也会影响我们在遇到困难时的态度，即选择放弃还是坚持。它还会影响我们的心情，即在遇到困难时是哭泣抱怨还是冷静分析。

因此，自我效能感的高低对我们来说非常重要。大多数人认为，自我效能感的最佳水平应略高于自己的能力水平。如果自我效能感的水平明显高于自己的能力水平，可能会导致"自我感觉过于良好"和"眼高手低"的情况，即认为自己很厉害，但一旦开始做，就会发现完全做不好。如果自我效能感的水平低于自己的能力水平，就可能导致"畏手畏脚"的情况，即不敢做自己有能力完成的事情。而自我效能感的水平略高于自己的能力水平可以激发我们最大的潜力，让我们不断进步。这就好比跳着去够树上的桃子，如果我们坚持跳，就真的能够跳得越来越高！

下次考试，你认为自己能够取得怎样的成绩呢？设定一个略高于你目前水平的目标，并努力去实现吧！

别人的行为会影响我们的选择吗？

  在我们生活的这个世界上，每个人都或多或少地从属于一个或者多个社会群体，我们的一举一动都会受到社会环境和其他社会成员的影响。然而，此前的心理学研究往往忽略了与他人或群体之间的交流互动对个人心理的影响。于是，心理学的一个分支——社会心理学逐渐兴起。社会心理学家从一个新的角度介入，帮助我们理解人类复杂而神秘的心理和行为。

我们怎么交朋友？别人的行为会影响我们的选择吗？人们为什么喜欢听各种小道消息？如果你对这些问题感兴趣，你肯定会喜欢社会心理学。跟前面讲过的认知心理学等流派不同，社会心理学并不是一个具有独立体系的理论流派。如果一项心理学研究侧重于探究人在社会环境中的行为特征，那就属于社会心理学的范畴。社会心理学家通过设计精彩的实验，验证了很多问题。

赛克　22:34
明天去图书馆。

哈莉　15:29
谢谢！明天还……

zhang　11:45
迈德吃饭了吗？

班级群(30)　09:40
Mr.Chen: 表扬……

老妈　07:41
我去上班啦！

第一个问题是，在社会环境中，我们的决策如何受他人的影响？这就要提到 1965 年美国心理学家阿希开展的从众实验。

在从众实验中，研究人员让一位参加实验的志愿者走进实验室，实验室中已经有 6 个人坐在桌旁。他们实际上是研究人员的助手，对此志愿者并不知情。实验开始后，研究人员展示了两张卡片，其中一张卡片上有 3 条长度不同的线段，志愿者需要判断哪一条线段和另一张卡片上的标准线段一样长。这个任务很简单，只要志愿者的视力正常，就应该能够准确完成。

然而，实验结果显示：当 6 名实验助手都故意选择明显错误的答案时，志愿者有 33%—76% 的概率会跟着实验助手选择错误答案。

阿希称这种现象为"从众"，即人们倾向于与群体中的大多数人保持一致。产生从众心理的原因有很多，如害怕自己出错、不愿意被大家排斥。

第二个问题是，在什么情况下，一个善良的人会做出极端行为？让我们看看美国心理学家米尔格兰姆进行的一项骇人听闻的实验——电击服从实验。

在这项实验中，米尔格兰姆以测验记忆力的名义招募了一批志愿者，告诉他们自己在研究惩罚对单词记忆的影响。志愿者扮演老师，给学生——实际上是实验助手——出题，如果学生背不出单词，老师需要按照研究者的指令，对学生进行电击惩罚！

米尔格兰姆制作了一个电击装置——闪亮的大金属箱子，箱子上装了 30 个按钮，不同的按钮对应不同的电压，最高电压有 450 伏，足以让人一命呜呼。

令人震惊的是，在参加实验的 40 名志愿者中，竟然有 26 人听从研究者的指令，把电压加到足以致命的 450 伏！这项实验的结果表明，大部分平时表现良好的人，在别人的指挥下都有可能致他人于死地！

其实，这个电击装置不过是一个逼真的玩具，随便按下哪个按钮都不会放出一丝电流。被电击的学生种种痛苦表现，拼的都是演技！米尔格兰姆是这个实验的幕后总导演，被蒙在鼓里的只有参加实验的志愿者们。

上面的电击实验也被称为"权利服从研究"，它揭示出如果一个人只是简单地执行上级的命令，就有可能变得极其残忍。比如，在第二次世界大战中，大量德国士兵参与了对犹太人的屠杀，而其中很多人在平时都表现得温文尔雅。这些德国士兵认为屠杀的命令来自上级，自己只是在执行命令。于是，他们放弃了自己的价值判断，认为自己不用为自身行为承担任何责任。这就是所谓的"平庸之恶"。

第三个问题是，在工作和生活中人们常常扮演不同的社会角色，这会影响人们的行为吗？让我们来看看著名的津巴多斯坦福监狱实验。

1971 年，美国斯坦福大学的心理学家津巴多计划研究"环境怎样改变人的性格"。津巴多搭建了一个模拟监狱，并招募了24 名身心健康的志愿者。这些志愿者被随机分成狱

警组和囚犯组，研究者通过监控摄像头可随时观察这两组人的表现。

这项实验采用了大量与真实监狱相似的措施。比如，囚犯被警车押解到监狱，然后接受清洗消毒，穿上囚服，戴上脚镣。实验的第一天，狱警半夜吹起床哨，让囚犯起来排队，以测试自己是否已经在囚犯心中树立了权威。第二天一早，囚犯们就开始抗议，换班的狱警看到之后非常气愤，他们用灭火器喷射囚犯，把带头捣乱的囚犯抓起来关禁闭，同时威胁、恐吓其他囚犯。实验期间，狱警对待囚犯的态度越来越差，经常不让囚犯休息，还常常对囚犯实施各种惩罚。实验进行到第六天，为了保护志愿者，研究者被迫提前停止了实验。

这个实验说明，社会角色的转换可以立刻改变一个人的行为。如果将无辜的人放到特定的环境中，赋予他们超越他人的权力，这些无辜的人很可能会滥用权力。

尽管社会心理学实验内容千差万别，但都为我们揭示了人性的重要特点——我们比自己想象中的更容易被社会和他人改变。

男性更擅长学习心理学吗？

迈德：赛克，我发现大部分心理学家都是男性，是不是男性更擅长学习心理学？

赛克：当然不是这样的！在生活中，我们常常容易有先入为主的观念，如男性比女性更擅长理科，某地区的人具有某些性格特征。在社会心理学中，这就叫"偏见"，通常是对一个人或一个群体中成员的负面预判。偏见往往会导致我们产生具有偏差的认识，甚至做出错误的判断。

迈德：那怎样才能克服偏见呢？

赛克：首先，多读书、多思考能让我们减少因无知产生的偏见。另外，尊重其他人的价值观，用开放的心态了解与自己不一样的群体，这也能帮助我们减少错误的判断。

为什么人们会主动帮助他人？

对"人性之恶"的研究只是社会心理学研究的一小部分。人和人之间的互帮互助也是社会心理学研究的重要方向。比如，美国社会心理学家巴特森指出，人身上存在 4 种使人们愿意为集体做出贡献的力量。

利他主义：人们单纯地想帮助他人，不考虑自己的安全和利益。研究表明，利他主义有进化的基础，在黑猩猩群体中也能观察到利他主义。

利己主义：人们为了自己的利益帮助他人，如得到金钱回报、他人的赞美或者他人未来的帮助。

集体主义：人们为了改善集体而帮助他人，如让自己所在的家庭和社区的氛围变得更好。

规则主义：人们因为遵守规则而帮助他人，如遵从地区习俗和道德规范。

1959年，美国心理学家费斯廷格进行了一项实验。他招募了两组参与者，并给其中一组参与者支付1美元的微薄报酬，而给另一组参与者支付20美元的优厚报酬。接着，他让参与者依次参加一个极其无聊的绕线团活动。在活动结束时，研究人员告诉参与者，他们还要完成最后一项任务——告诉另一个要参加实验的人（实际上这个人并不是实验参与者，而是由研究人员扮演的）这项活动很有趣，以便吸引他来参与实验。在参与者完成这项说谎任务后，研究人员询问参与者对这项实验的真实感受。他们发现，获得20美元报酬的参与者都说活动很无聊，而获得1美元报酬的参与者却说活动很有趣。

为什么会出现这两种完全不同的结果呢？费斯廷格认为，在通常情况下，人们对事物的态度和行为是协调、一致的。然而在这项实验中，两组参与者都被要求说谎，在他们说绕线团活动很有趣时，需要使自己的行为合理化。获得 20 美金报酬的人认为，自己是为了这笔酬金而说谎；而只获得 1 美元报酬的人很难把这 1 美元的报酬当作奖励，也就很难接受自己为了 1 美元向别人说谎，因此他们产生了一种认知上的改变——让自己相信这项实验没那么无聊，自己没有对别人说谎，这样他们心里就舒服多了。

　　只获得 1 美元报酬的人改变了自己的想法，这种现象叫"认知失调"。当人的行为与态度不一致时，他们会产生一种紧张感。为了消除这种紧张感，他们会想出一个合理的解释，比如说实验有趣，以证明自己的行为是正确的，从而恢复心理平衡。

　　你在生活中还遇到过哪些认知失调的现象，能举出几个例子吗？

为什么我们总觉得父母很厉害？

    20 世纪三四十年代，世界局势风云变幻，经济危机频发、德国纳粹上台、第二次世界大战爆发等一系列重大事件冲击着人们的思想。这一时期，精神分析理论的继承者们逐渐认识到弗洛伊德思想的局限性，开始更关注家庭环境、社会文化、人际关系等因素对心理的影响。与此同时，大批科学家移民美国，他们将欧洲传统的精神分析思想与美国的实用主义哲学、行为主义流派等相融合，为新精神分析理论的产生开拓了方向。

新精神分析并非一个统一的流派，而是由不同的分支构成，每个分支都有自己独立的理论体系。其中，比较重要的分支是自我心理学、客体关系理论和自体心理学。

如果我们将一个人的心理发展过程比成一粒种子的生长过程，那么自我心理学认为，一粒种子被埋到土里之后，会本能地发芽、生长、开花、结果，而人类也会展现出像种子一样旺盛的生命力，本能地追求发展和成长。

这一理论的代表人物之一是埃里克森。埃里克森出生在德国，后来迁居美国。他将人一生的发展分为 8 个阶段，每个阶段都面临着一个特殊的矛盾。

我就想吃肉！

婴儿期　　　幼儿期　　　学龄前期　　　学龄期

青春期　　　成年早期　　　成年期　　　成熟期

学龄期（6—12岁）是一个人勤奋和自卑的冲突阶段，生活中的成功经验会让我们充满信心，勤奋地学习和做事，而困难和挫折则会让我们感到自卑。在这一阶段，我们要更加勤奋、主动地参与各种活动，多积累成功经验，增加自信心。

看来还需要多多练习……

　　青春期（12—18岁）则是一个人自我同一性和角色混乱的冲突阶段。埃里克森认为这个阶段是儿童向青年过渡的阶段。正是由于对这个心理阶段的论述，他才闻名于世，因为这一阶段包含了埃里克森理论的核心概念——自我同一性，是指一个人对于自己是谁有了稳定一致的认知。在青春期，我们逐渐意识到，虽然自己在生活中扮演着不同的角色，但在不同角色中的我是同一个我。然而，因为扮演不同角色时社会对我们的期待不同，这些期待可能会与我们的真实想法产生冲突，我们常常会体验到自我怀疑、迷茫、焦虑等混乱的情绪。同时，我们还会经常思考和探索"我是谁"这一问

题——自己的性格是什么样的？如何建立自己的价值观？如何发现适合自己的生活方式？

根据埃里克森的理论，随着我们逐步化解各个阶段的发展危机，个体的自我会有更强的力量，人格也会趋向健康和成熟。

用客体关系理论来说，一粒种子被埋到土里之后，未来的生长状况取决于土壤环境的特征，比如种子是种在东北肥沃的黑土地上，还是干旱的黄土高原上，或者江南水乡的水田里。

客体关系理论认为，成长环境之于人来说，与土壤之于种子的生长一样重要。对孩子而言，这个最初的"土壤"就是他的抚养者，通常是母亲。真正影响一个人心理发展过程的是母亲和婴儿之间的关系。对婴儿来说，母亲对婴儿的态度代表着世界对婴儿的态度。一个人的早年经验会影响他对世界的看法，也决定了他的性格特征和行为特点。比如如果一个人在童年时期曾被母亲抛弃，他可能一生都会怀疑好朋友会突然离开自己，为了避免再次被抛弃，他甚至可能主动抛弃他人。同时，孩子通过与母亲的互动建立与他人相处的习惯，这种习惯也会对他日后的人际关系有很大的影响。比如，如果一个人小时候习惯了强势的母亲，未来他很可能在不知不觉中与同样类型的人建立类似的人际关系。比如学习中强势的老师，工作时强势的领导，婚姻中强势的另一半……这一理论的创始人是奥地利心理学家克莱茵。

对自体心理学来说，一粒种子被埋到土里之后，未来的生长状况取决于土壤与种子的适配程度。比如，尽管黑土地很肥沃，椰子树却不适合在黑土地上生长。

自体心理学认为，抚养者要针对孩子的心理需要提供相应的帮助，就像针对种子的特点提供合适的土壤一样。自体心理学的创始人是奥地利精神分析学家科胡特，因为受纳粹迫害，他逃亡美国芝加哥。科胡特认为，人格健康的孩子在成长过程中有 3 种需求：镜映需求、理想化需求和孪生需求。

　　镜映需求指一个人需要通过他人的反馈形成对自我的认知，就像照镜子一样。比如在比赛中获胜并得到父母的赞扬和认可，会让我们更加了解自己擅长什么。

　　理想化需求指一个人需要把另一个人想象成自己想要追求的完美状态，尽管实际上他们可能并不完美。比如我们可能将家长、老师、明星等人物想象成自己期待成为的理想形象，认为这些人有能力处理各种困难，是我们可以信任和依赖的对象。借助这种理想化的想象，我们能够安全地探索外面的世界，并变得更自信、更有力量。

　　孪生需求指一个人需要和他人建立真诚平等的情感联系，互相分享并产生共鸣。比如我们会认识一些与自己的兴趣和品味相近的同学，逐渐与他们成为朋友。在这个过程中，我们会获得情感支持，并产生对社会的归属感。

　　在镜映需求、理想化需求和孪生需求被满足的过程中，我们逐渐形成了稳定的"自体"。也就是说，我们成长为独立的个体，不仅能应对生活中的挑战，在遇到困难的时候安抚自己，而且能跳出自己的视角去理解他人、与他人建立良好的关系。

　　新精神分析理论继承了弗洛伊德的学说，并强调了环境在个体的发展过程中起到的重要作用。这一理论的不同分支从本能、环境及本能和环境的关系等方面出发，加深了我们对人性的理解。

什么是心理上的防御机制？

迈德：我的小伙伴这次期末考试没考好，我想给他讲讲错题，可他完全不听，还说成绩不佳纯属偶然。

赛克：你的小伙伴可能启动了心理上的防御机制。面对环境中的痛苦、不适或压力，有时候人会采用一些心理机制进行自我保护，它们被称为防御机制。

迈德：防御机制有哪些呢？

赛克：防御机制有很多种！你的小伙伴可能使用了"否认"这种防御机制。当遇到让自己不愉快的事情时，他会选择不相信或者不承认这件事情是真的。还有一些人可能会使用"投射"这种防御机制，明明是自己有糟糕的想法，他们却把

73

这些想法和行为归咎于别人，比如明明是自己想要攻击别人，却认为是别人要来攻击自己。

迈德：人们为什么要启动防御机制呢？

赛克：防御机制可以让人暂时屏蔽一些负面的情绪和感觉，但是如果过度使用防御机制来压抑自己的情绪，很可能对心理健康造成影响。因此，我们要学会积极面对和处理自己的情绪，这样才能让自己更加健康和幸福。

你觉得自己的性格受家庭环境的影响大吗？说出你的结论，并列出你得出这一结论的根据。

爱因斯坦的大脑和我的不一样吗？

 20世纪70年代后期，神经科学研究领域取得了极大的技术进步，特别是无创伤研究技术的不断成熟使神经科学家不再局限于动物研究，而是直接对人类大脑开展了更广泛、细致、深入的研究——观察大脑活动，揭示心理现象背后的神经运作机制。因此，一个新的心理学研究方向——认知神经科学诞生了。

让我们来看一个有趣的研究，这项研究的目的是了解不同文化如何影响人的思考方式。研究人员邀请了一些中国大学生和一些欧美大学生一起来完成一项任务。任务要求所有参与者想象一个词，如热心、勇敢、勤劳、善良，并用这个词来形容自己或者形容自己的妈妈。在参与者进行思考的同时，科学家使用一种仪器——功能磁共振仪来记录他们大脑的反应。

研究结果显示，在形容自己和形容妈妈时，中国大学生的大脑活动区域是重叠的，而欧美大学生的大脑活动区域则是分开的。这意味着，在中国文化中，自己和妈妈是一个整体；而在西方文化中，自己和妈妈是两个截然不同的个体。这与中国崇尚集体主义、西方崇尚个人主义的文化渊源相契合。

这项研究是认知神经科学领域的一个典型案例。神经成像技术的发展让研究者能够在不对大脑造成损伤的情况下观察大脑的神经活动，深入探究与人类心智有关的很多问题。目前，常用的神经成像技术有两种——脑电图和功能磁共振。

脑电图与心电图差不多，只是检测的部位不同。我们大脑思考的过程涉及脑细胞的放电。研究者可以通过记录这些放电过程来推测人的思维特征。脑电图并不是真的给大脑通电，而是通过贴在头皮上的电极记录大脑的电活动，进而生成可以分析的报告。

前面讲到的关于东西方文化差异的研究结果，是应用功能磁共振技术得到的。人在思考问题的时候，大脑需要消耗氧气，这些氧气由血液中的血红蛋白携带。当特定大脑区域活跃时，血液流量会增加，血液中携带氧气的血红蛋白也会增多。科学家发现，携带氧气的血红蛋白和不携带氧气的血红蛋白在磁场特性上存在差异。因此，可以通过测量磁场的变化找到正在进行功能活动的大脑区域。这就是功能磁共振的基本原理。

认知神经科学家认为，大脑活动是心理活动的生理基础，只有揭示心理活动的脑机制，我们才能真正了解人的心理活动——如何感知、如何记忆、如何思考等。通过这些研究，我们可以更好地理解人类的心理过程，并为治疗精神疾病、合理保护和利用大脑提供指导。同时，认知神经科学的发展也有助于我们进一步理解人类大脑，促进人工智能的发展。

小知识

我们的大脑被开发了多少？

有一种广为流传的说法：目前人类只开发了大脑功能的5%或10%，如果进一步开发，每个人都会像超人一样厉害。这一说法的来源并不明确，也没有经过实验验证。事实上，我们每天都在使用几乎全部大脑，没有人敢断言其中某一区域没有被用到。有时候，因为我们要专注于某件事情，某些大脑区域会保持活跃，而其他大脑区域会处于抑制状态。我们并不是同时使用全部大脑，这是大脑的活动特点之一。不过，当我们学习新技能时，大脑会在神经元之间建立新的连接，储存新的知识和行为模式。这也意味着我们可以通过学习和训练来进一步挖掘大脑的潜力。

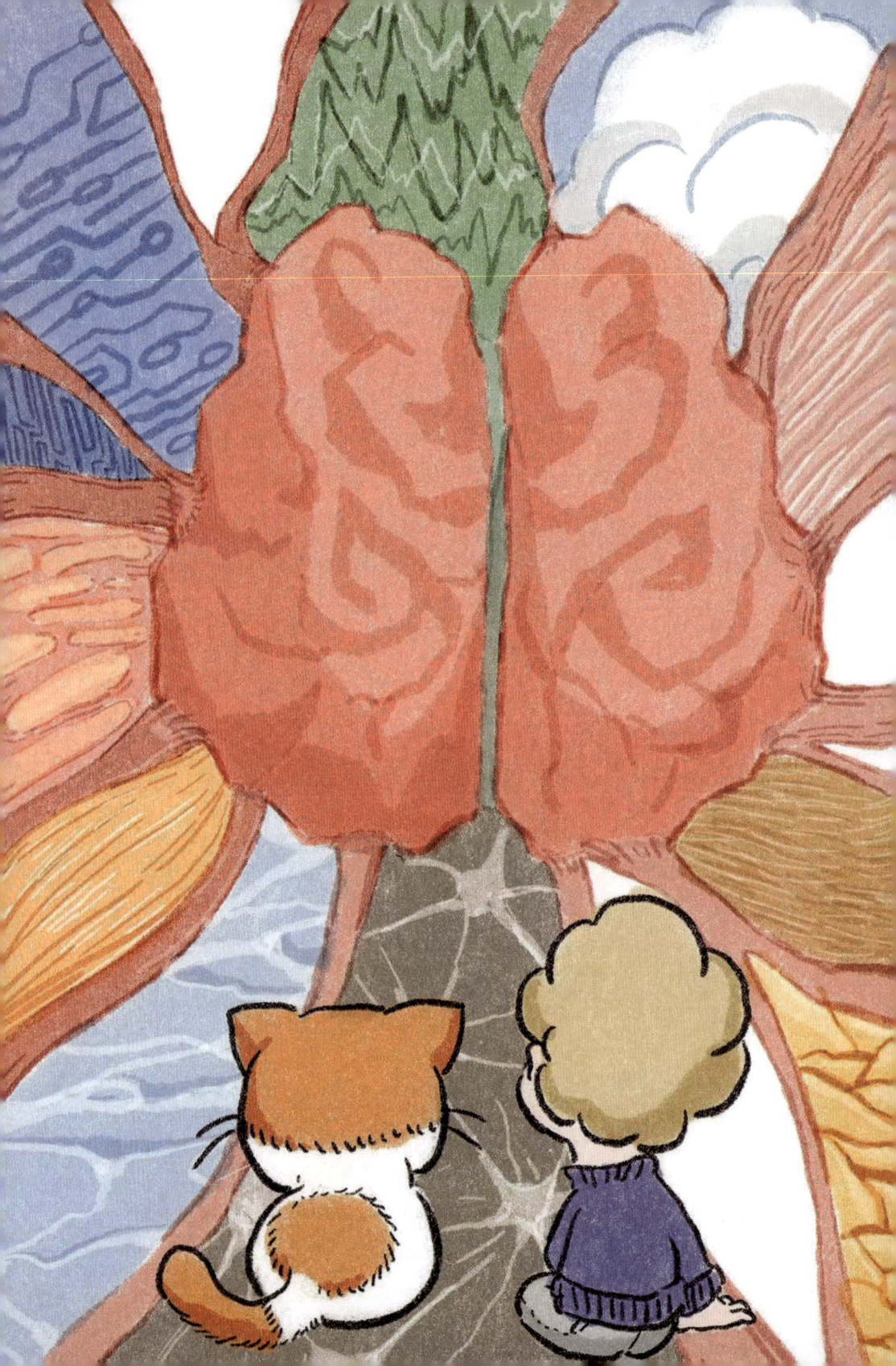

我们的大脑是怎么工作的?

迈德:你能举一个大脑加工信息的例子吗?

赛克:当你看到一个足球向你飞来,你会怎么做?

迈德:当然是赶紧跑!

赛克:其实,在你看到足球向你飞来,准备跑之前,大脑已经进行了复杂的活动。我们可以看看下面这幅图。

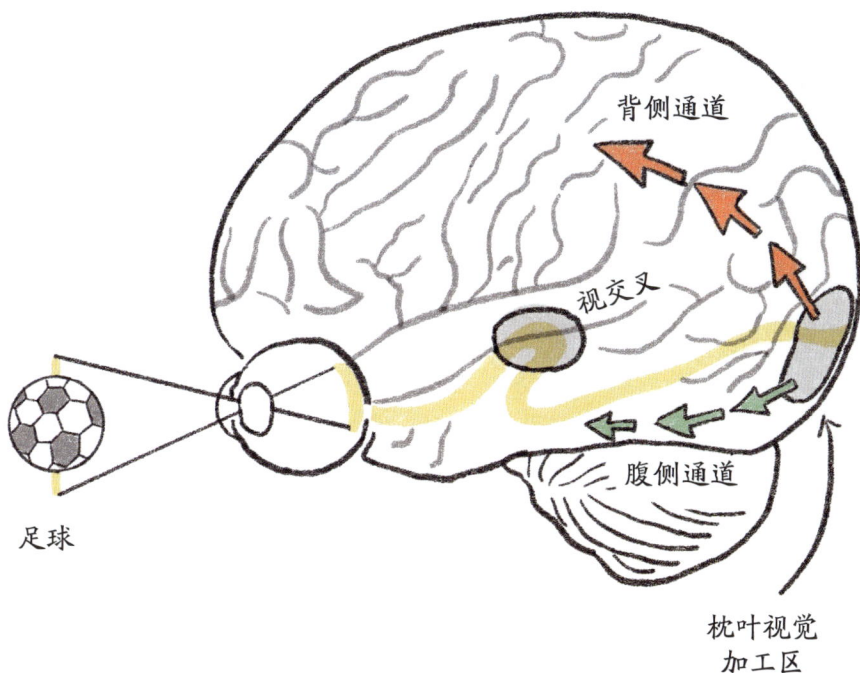

背侧通道

视交叉

腹侧通道

足球

枕叶视觉
加工区

首先，我们的感觉器官（眼睛）感到有物体出现在视野中，将这一信息向位于枕叶的视觉皮质传导（黄线）。在传导过程中，信息经过视交叉（中间灰色块），再传到对侧大脑半球的视觉皮质（右侧灰色块）。

其次，视觉皮质会将接收到的信息同时通过两条通路传导。一条通路（绿色箭头）传向大脑腹侧，主要经过颞叶区域。颞叶与记忆功能有关，这条通路负责识别物体，也就是辨别物体是什么（足球），又被称作"what通路"。与此同时，另一条通路（红色箭头）传向大脑背侧，主要经过顶叶区域。顶叶与空间知觉有关，这条通路负责分析不同物体之间的空间关系（物体向我飞来），又被称作"where通路"。

最后，大脑整合两条通路的信息做出判断——足球向我飞来。

迈德：哇！我们的大脑太神奇了！

人类最强大脑

爱因斯坦去世后，他的大脑被医生哈维保存下来。此后，科学家们希望通过研究爱因斯坦的大脑，来揭示最聪明的人的大脑和普通人的大脑有什么不同。

首先，从重量上看，爱因斯坦的大脑重量为 1230 克，人类大脑平均重量为 1360 克。这说明大脑的重量并不能作为衡量聪明程度的标准。

其次，爱因斯坦大脑左右半球的顶叶下部有一块区域比普通人的宽 15%，厚度也比普通人的厚。这一区域主管人们的数学思维、空间想象力等。但这只是表示爱因斯坦经常用到这块区域，并不能

说明他的大脑有什么奇特之处。大脑也像肌肉一样，如果经常锻炼，就会更加健壮。

另外，爱因斯坦的大脑所含的神经胶质细胞比例比普通人的高。大脑有两种主要的细胞：神经元和神经胶质细胞，在哺乳动物中两者的比例约为10∶1。神经元就像在前线战斗的士兵，负责处理和加工信息；而神经胶质细胞就像后勤保障人员，负责给神经元提供营养等。

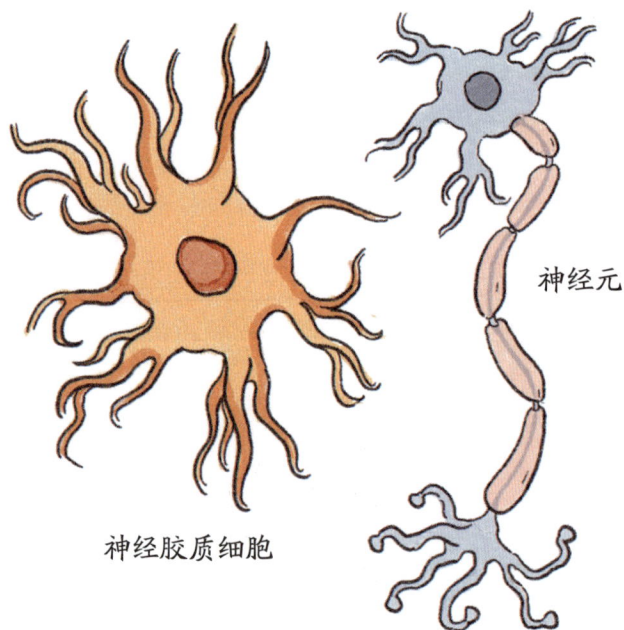

神经元

神经胶质细胞

爱因斯坦大脑里负责后勤保障的神经胶质细胞更多，这就是他的大脑更聪明的原因吗？很遗憾，并不是。

人类大脑中的神经元是不可再生的，用坏一个少一个，而负责后勤保障的神经胶质细胞并不会减少。因此，爱因斯坦大脑中神经胶质细胞比例较高的原因实际上是神经元减少，而神经元减少的原因是大脑老化。

总之，到目前为止，并没有任何研究结果可以证明爱因斯坦的大脑有什么特殊之处。

想一想？

我们的大脑是由左右大脑半球组成的。大脑的左半球会控制右侧身体，而大脑的右半球则会控制左侧身体。你觉得大脑的这个特征，对我们的日常生活有什么好处？

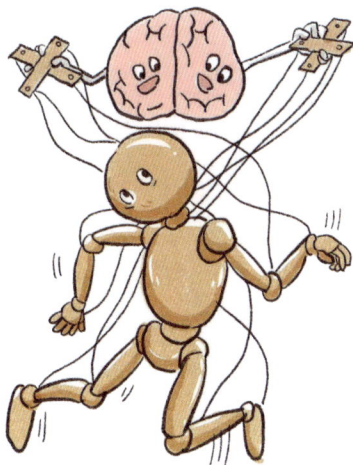

假装微笑能让人心情变好吗？

从 20 世纪 80 年代开始，一些研究者强调心理学不应该过多关注负面的心理问题，急于寻找心理疾病的原因和修补损伤；而是要制定积极的干预措施，让普通人的生活更幸福、更美好。这些研究者倡导心理学的积极取向，侧重研究人类的优秀品格。21 世纪初，一个独立的心理学流派——积极心理学逐渐形成了。

积极心理学的创立者是美国心理学家塞利格曼。2000 年，塞利格曼发表了《积极心理学导论》，宣告了一个致力于用科学的原则和方法来研究人类积极品质的心理学流派的诞生。不过，塞利格曼并不是一开始就关注"积极"的心理学内容，他最早关注的也是"消极""负面"的部分。

1967 年，塞利格曼做了一个实验。他把小狗关在笼子里，然后对它施加电击。最初，小狗遭到电击后会拼命尝试逃跑，无奈被困在笼子里，无法逃脱。在被电击多次之后，小狗就不再想着逃跑了。这时，就算塞利格曼打开笼子门，小狗也不会逃跑，而只是倒地呻吟，绝望地等待下一次痛苦的来临。人也跟笼子里的小狗一样，如果一个人感觉自己不管做什么都无济于事，就会产生一种无力感，缺乏做出改变的动力。塞利格曼把这种现象称为"习得性无助"。

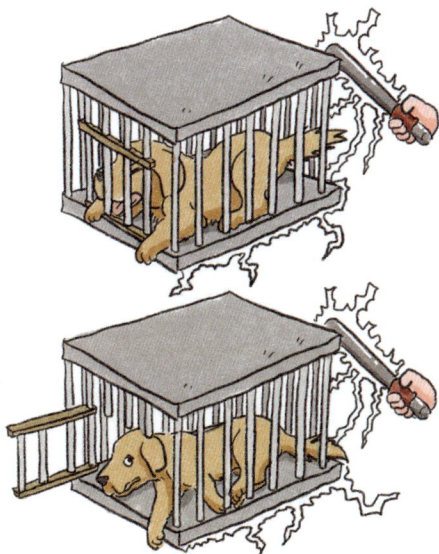

对习得性无助等现象的研究让塞利格曼在学术圈声名鹊起。但他自己对此并不满意，还时常感到焦虑和苦闷，过得并不幸福。一天，

他 5 岁的女儿问他："爸爸，你为什么总是那么不开心？你能不能不抱怨啊？"女儿这一问，让塞利格曼开始反思，为什么人不能多看自己的优点，少看自己的缺点，并让自己的优点转化为追求幸福的力量呢？

塞利格曼又从个人延伸到心理学，认为心理学的使命也应该是这样的——让人们生活得更加快乐、幸福。于是，他正式提出了积极心理学理论，并在全世界范围内掀起了一场心理学研究内容的变革。

我们到底应该怎样利用积极心理学让自己生活得更幸福呢？心理学家米哈里提出了"心流"理论来回答这个问题。米哈里认为，现代人存在两种不幸福的状态：一种是因为生活平淡而感到无聊；另一种是因为压力太大而感到焦虑。而心流状态恰好可以对抗这些负面体验，给人带来幸福感。

你可能会问，什么是心流呢？它听上去好像很抽象。其实，心流就是全神贯注地做一件事情时，沉浸在其中的忘我状态。比如，我们沉浸在画画、看书、打游戏中，忘记了时间、忘记了吃饭，这

其实就是处在心流中。当我们把注意力完全集中在当下需要完成的事情上，在事情完成之后再回想整个过程，一种幸福的满足感会油然而生。

米哈里总结了心流产生的3个条件：第一，目标明确——知道自己要达到的目标，才能明确解决问题的途径；第二，即时反馈——每完成一步之后，立刻就知道自己做得好不好；第三，挑战的难度与自己匹配——能力强的人去挑战难度低的事情会觉得无聊，能力弱的人去挑战难度高的事情会产生焦虑。总之，在自己的能力范围内，挑战那些有明确目标的事，并得到即时反馈，我们才会心无旁骛，真正获得幸福体验。

除了让自己获得心流体验之外，还有一些小方法可以让我们感到更幸福。美国哈佛大学心理学教授沙哈尔在他的书中提出了5个幸福秘诀。

第一，接受自己的不幸福。人人都会有负面情绪，如忧愁、嫉妒、焦虑。要勇敢地承认自己有这些负面情绪。

第二，坚持锻炼。心理健康离不开生理健康，运动可以有效缓解压力，释放你的负面情绪。

第三，拥有一颗感恩的心。写下让自己感动的事情，不论这件事情多小，都会让你感到幸福。

第四，发自内心相信自己是幸福的。即便你仅仅是装出幸福的

忧愁

焦虑　　嫉妒

样子，也会比以前开心。

第五，享受与亲友共处的美好时光。你可以在与亲友的相处中得到休息，觉得自己充满力量。

积极心理学倡导研究和探索人类的美德，填补了心理学在研究正常人心理活动方面的空白。在探究个体积极心理品质的基础上，积极心理学还提出了有效塑造这些心理品质的干预手段，并致力于用心理学帮助全人类迈向更幸福的明天。

真笑和假笑

通常，当我们体验到某种情绪时，大脑会控制肌肉做出面部表情，如惊讶、厌恶、愤怒、恐惧、悲伤。但法国科学家杜彻尼研究发现，有两种特殊的人并不是这样的。

第一种是意志性面瘫的人，这些人的面部肌肉无法随意运动，也就是说他们不能根据自己的意愿来控制面部肌肉的活动，这是由大脑初级运动皮质受损导致的。比如，当他们感到开心时，面部肌肉会自然地运动、展现出微笑的表情，但他们无法在不开心的时候假笑。

第二种是情绪性面瘫的人。他们可以自由地控制面部肌肉，随意做出各种表情，但当他们体验到某种情绪时，面部肌肉却不会随之运动，这是由大脑前额叶的脑岛受损引起的。比如，当他们感到开心时，却不能发自内心地笑。

　　因此，杜彻尼得出结论，社交假笑和真正发自内心的笑所呈现的面部表情是由大脑中不同的区域分别负责的。同时，他还发现，发自内心的微笑需要眼周肌肉的参与，而社交假笑则不需要。下次，你再去餐厅用餐时，可以留意一下服务员脸上甜美的微笑，判断一下它是出于真心的欢迎，还是职业上的敷衍。当然，我们希望每一个微笑都发自真心！

笑一笑能让我们快乐吗？

迈德：我听说做出微笑这个动作本身就会让心情变得更好，心理学上有相关的研究吗？

赛克：研究微笑能否给人带来快乐并不容易，因为很难把微笑的表情和令人感到快乐的刺激分开。比如，当我们听了一个笑话之后，往往既会微笑，又能感到快乐。因此，很难清楚地把微笑的作用独立出来。

迈德：那心理学家想出什么解决办法了吗？

赛克：1988年，德国心理学家斯特拉克带领的研究团队设计了一个巧妙的实验。他们让参加实验的人以不同的方式用面部肌肉夹住一支铅笔。用牙咬住铅笔的参与者会露出类似微笑的表情；而用嘴唇夹住铅笔的参与者会露出向下撇嘴的表情，好像自己真的不开心一样。

在做出这些动作之后，研究人员让他们观看同一部动画片，并给动画片的幽默程度打分。结果发现，用牙咬住铅笔的人普遍打分更高。这说明，做出微笑动作本身就能帮助我们用更乐观的态度看待世界。

你是一个乐观开朗的人吗？从这周开始，梳理一下你的日常生活，找到一个让自己感到更快乐的小方法，让它变成你的习惯吧！

为什么减肥那么难？

　　19 世纪中叶，当达尔文提出进化论的时候，心理学还处于萌芽阶段。尽管有些学者会从进化论的角度探究人的心理，但大部分研究者对进化论不感兴趣。20 世纪 80 年代，在整合最新的生物学、心理学和社会科学的研究成果之后，研究者开始尝试用进化论的观点，从多个维度解释人类心理、讨论社会现象，心理学的一个独立分支——进化心理学逐渐发展起来了。

田径比赛开始之前，作为一名运动员，你可能会眼睛瞪大、呼吸加速、心怦怦直跳。这是因为你胆子小，不自信吗？并不是。这些生理变化是人类在演化过程中适应环境的产物。在遇到某些具有挑战性的场景时，人体的交感神经系统会被激活。交感神经系统不受你的主观控制，它会使你的瞳孔扩张，让瞳孔接收更多的光；加快你的心跳，以便输送更多的血液到大脑和肌肉；让你的呼吸急促，吸入更多的氧气供给肌肉；激活你的汗腺，排出汗液给身体降温。另外，为了节省能量，交感神经系统还会抑制唾液分泌、胃肠蠕动、机体的免疫反应及对痛觉和伤害的反应。当你遇到危险时，这些生理上的变化会让你更有机会在力量的角逐中获胜，就算赢不了，也会跑得更快。

进化心理学家认为，人类的心理和生理一样，都是一整套信息处理装置，经过自然选择而形成，目的是处理我们祖先在狩猎、繁衍等过程中遇到的适应性问题。在远古时期，人类的某些行为能够提升

生存概率，这些行为通过基因遗传给后代，影响着现代人的生活。

比如，为什么男性通常比女性更有方向感？因为在原始社会，男性负责狩猎，而狩猎往往需要远离部落。如果一个男人方向感不强，他就有可能找不到回家的路，在狩猎途中死亡的概率会增高。于是，方向感不好的男性就被逐渐淘汰了，他们的基因没有机会遗传下来。同样，女性主要负责采摘，采摘不需要去很远的地方，较少涉及方向感的问题。因此，远古时代的分工差异导致男性普遍比女性更擅长寻找方向。

进化心理学研究的基本流程如下：第一步，分析待研究的心理和行为有哪些特征；第二步，推测这些特征对人类生存发展的意义；第三步，追溯演化历史，解释这些特征在远古时期的特殊意义；最后，结合当前社会，从演化角度做出综合解释。比如，肥胖是威胁人类健康的重要问题，很多人立志减肥，但大多数人以失败告终。当进化心理学家想要研究减肥为什么这么难时，他们会这样思考：第一，肥胖的重要特征是什么？是摄入了远超我们所需的营养；第二，我们为什么要摄入过多营养？因为摄入过多营养更有利于生存；第三，在人类的狩猎 – 采集时代，摄入过多的营养有什么特殊意义？当时，人类不能保证每餐都有食物，因此，有食物时就会尽量多吃。第四，综合解释摄入过多营养的心理。

具体来说，进化心理学家这样解释减肥难的原因：在原始社会，人类经常面临食物不足的考验。因此，如果获取了猎物，人们会疯狂进食，直到吃不下为止。现在，很多野生动物依然保持着这样的饮食习惯。因为不知道什么时候才能找到食物、吃到下一餐，所以人类必须储存更多的热量才能更好地生存。于是，吃得多就占据更多的生存优势。到了近现代，人类在100年内基本解决了粮食问题，大部分人不再受饥荒的困扰。但人类的基因进化跟不上生活水平发展的步伐，所以人类依然保留了能吃、多吃的基因，这种基因让我们很难拒绝食物的诱惑。于是，现代人非常容易发胖。

　　进化心理学结合了现代心理学理论和生物进化理论，试图从演化的视角对行为起源、心理现象的本质及一些社会现象进行深入的探讨和研究，大大扩展了心理学的边界。不过，有很多学者质疑进化心理学过于强调演化对人类心理的影响，低估了文化的作用。另外，他们也质疑进化心理学家倒推式的研究方法，认为这种方法有"事后诸葛亮"的嫌疑——好像怎么说都有道理！

明星八卦为什么让人着迷？

为什么我们总是对明星的生活感到好奇？为什么我们对明星八卦欲罢不能？有人说，这是因为我们生活在一个娱乐化的时代。但进化心理学却告诉我们：每个人都自带"八卦基因"。

人类对别人行为的关注是进化的产物，这可以追溯到史前时代。在史前时代，人类是群居动物，经常与族群内的人打交道。人们需要记住谁是可以信赖的、谁是需要防备的，以及谁可以做朋友、谁适合当伴侣等。如果想获取这些信息，人们就要对他人的生活和隐私保持好奇心。因此，这种"八卦基因"就留存下来了。加拿大进化心理学家巴考提到，现代娱乐产业提供了各种各样的八卦信息，会让我们产生一种错觉，认为明星也是我们的熟人，从而让我们本该对熟人才有的八卦机制启动了。

负面情绪的正面意义？

迈德：前几天我和好朋友大吵了一架，气得我连饭都吃不下。生气真不是一件好事，为什么人类会进化出这么多的负面情绪？

赛克：我们每个人都希望自己能远离负面情绪，一直开开心心的。但有种观点认为，在人类的进化过程中，负面情绪的作用远远大于积极情绪的作用。如果无法感受快乐，可能会影响我们的幸福感，但如果无法感受负面情绪，则可能直接威胁我们的生存……

迈德：我怎么觉得负面情绪本身就影响了我们的生存呢！

赛克：其实，负面情绪更像一种自我保护机制，能够起到快速预警的作用。比如，恐惧能提示我们危险就在身边；愤怒能促使我们奋起反击；悲伤能告诉身边的人我们现在需要帮助……人类能够生存下来，不断繁衍，真是多亏了这些负面情绪！

迈德：听你讲完，我不那么讨厌负面情绪了。

想一想

你觉得小猫、小狗等小宠物的哪些外貌特点让它们看起来很可爱？试着用进化心理学的原理解释为什么人们会觉得宠物的这些外表特点是可爱的。

我们的心理学之旅将在这里结束。在这段旅程中，我们拜访了古往今来的心理学家，学习了他们思考问题的方式，收获了有趣的心理学知识。那么，你是否好奇心理学在我们日常生活中有哪些实际应用呢？让我们在旅途的最后，一起一探究竟吧！

工业设计心理学

为了让用户对产品满意，设计者需要从心理学的角度考虑很多细节。比如，游戏设计中就处处可见心理学的影子：游戏的奖励系统充分利用了人们对即时反馈的偏好，获得成就感的过程简单粗暴——打怪就加分，升级"闪金光"……这些即时反馈促使神经系统释放多巴胺，让玩家感到快乐。

咨询心理学

心理咨询通过咨询师与个人或团体的互动来帮助他们解决心理困扰、发挥自身潜能和提高生活质量。比如，假如一个人常常感到抑郁，咨询师可以为他提供情感上的支持，帮助他认识到自己的负面思维模式，并和他一同制订计划，让他慢慢恢复活力。

教育心理学

一堂好课离不开心理学的应用。比如，在课堂教学中，老师会利用记忆的间隔效应来设计课程。间隔效应是指相对于密集、一次性的学习，适当安排间隔时间并重复学习，可以更好地巩固记忆。因此，课堂上老师往往会安排多次、多类型的复习环节，帮助学生记得更牢固、学得更扎实。

运动心理学

体育赛事中的很多"仪式"都利用了人在运动时的心理特点。比如，团体比赛开始前，运动员会围在一起击掌或大喊。这种行为是一种精神上的"热身"，被称为"psych up"（做好精神准备）。与身体上的热身（warm up）一样，精神上的"热身"能够帮助运动员保持适度的紧张状态，并且能提高团队的士气。

管理心理学

团体中的每个成员都有独特的个性和想法，管理心理学研究的就是团队内部协同实现团队目标背后的规律。比如，给每位成员明确的任务和角色有助于提高工作效率。在小组项目中，可以根据每个人的专长和兴趣分配任务。例如，擅长写作的成员可以负责撰写研究报告的初稿，而擅长演讲的成员可以负责最终的成果展示。

心理学与人工智能

目前人工智能与心理学的联系并不紧密，而和统计学密切相关。计算机借助海量数据，学习一定的模式和规律，以进行推断和决策。一些科学家认为，人工智能无法真正模仿人类的思维和情感。你觉得呢？

附录

10　马斯洛（亚伯拉罕·马斯洛）
Abraham Maslow
1908—1970
提出需要层次理论

10　罗杰斯（卡尔·罗杰斯）
Carl Rogers
1902—1987
提出"以人为中心"的
心理咨询

21　米勒（乔治·米勒）
George Miller
1920—2012
发现短时记忆容量

22　西蒙（赫伯特·西蒙）
Herbert Simon
1916—2001
发现决策的认知过程

25　奈瑟尔（乌尔里克·奈瑟尔）
Ulric Neisser
1928—2012
创立认知心理学

60　巴特森（丹尼尔·巴特森）
Daniel Batson
1943—
研究人的利他行为

56　津巴多（菲利普·津巴多）
Philip Zimbardo
1933—
进行斯坦福监狱实验

54　米尔格兰姆（斯坦利·米尔格兰姆）
Stanley Milgram
1933—1984
进行电击服从实验

52　阿希（所罗门·阿希）
Solomon Asch
1907—1996
进行从众实验

42　米歇尔（沃尔特·米歇尔）
Walter Mischel
1930—2018
发现"延迟满足"现象

37　班杜拉（阿尔伯特·班杜拉）
Albert Bandura
1925—2021
提出"观察学习"理论

61 费斯廷格（利昂·费斯廷格）
Leon Festinger
1919—1989
发现"认知失调"现象

104 巴考（杰罗姆·巴考）
Jerome Barkow
1944—
从进化心理学角度研究"八卦"

64 埃里克森（埃里克·埃里克森）
Erik Erikson
1902—1994
自我心理学的代表人物

95 斯特拉克（弗里茨·斯特拉克）
Fritz Strack
1950—
研究笑一笑能否让人变得更快乐

67 克莱茵（梅兰妮·克莱茵）
Melanie Klein
1882—1960
客体关系理论的代表人物

92 杜彻尼（纪尧姆·杜彻尼）
Guillaume Duchenne
1806—1875
发现真笑与假笑的区别

90 沙哈尔（泰勒·本·沙哈尔）
Tal Ben-Shahar
1970—
提出幸福的五大秘诀

68 科胡特（海因兹·科胡特）
Heinz Kohut
1913—1981
自体心理学的代表人物

88 米哈里（米哈里·契克森米哈赖）
Mihaly Csikszentmihalyi
1934—2021
提出"心流"

87 塞利格曼（马丁·塞利格曼）
Martin Seligman
1942—
提出"积极心理学"

注：人名前数字为此人在书中第一次出现的页码。

图书在版编目（CIP）数据

像心理学家一样思考：爱因斯坦的大脑和我的不一样吗 / 董光恒著 ；人形鲤鱼绘 . —北京：北京科学技术出版社，2023.10

ISBN 978-7-5714-3220-1

Ⅰ. ①像… Ⅱ. ①董… ②人… Ⅲ. ①心理学－儿童读物 Ⅳ. ① B84-49

中国国家版本馆 CIP 数据核字（2023）第 173056 号

策划编辑：郑宇芳　李安迪
责任编辑：郑宇芳
封面设计：雷　雷
图文制作：李困困
营销编辑：赵倩倩
责任印制：吕　越
出 版 人：曾庆宇
出版发行：北京科学技术出版社
社　　址：北京西直门南大街 16 号
邮政编码：100035
电　　话：0086-10-66135495（总编室）
　　　　　　0086-10-66113227（发行部）
网　　址：www.bkydw.cn
印　　刷：天津联城印刷有限公司
开　　本：710 mm × 1000 mm　1/16
字　　数：80 千字
印　　张：7.25
版　　次：2023 年 10 月第 1 版
印　　次：2023 年 10 月第 1 次印刷
ISBN 978-7-5714-3220-1

定　　价：48.00 元